U0264288

专家推荐语

人类的生活离不开塑料，然而，大量的废弃塑料正以惊人的速度污染我们的地球。塑料本身不是污染物，但塑料垃圾被随意丢弃到自然环境中难以降解，就会造成环境危害。只有让塑料垃圾进入塑料循环体系，再生成为新的产品继续为人类服务，才能够减少环境污染、节约资源、降低排放，为实现碳中和作出贡献。

塑料垃圾是放错了地方的资源，垃圾分类是塑料循环的第一步，也是最关键的一步。垃圾分类，教育先行。早期的环境教育不仅有助于培养孩子们的环保意识，还能激发他们对环境科学的兴趣。

本套丛书从不同视角介绍了塑料的“性格特点”“前世今生”“循环之旅”等，画风优美，内容生动有趣。绘本中的主人公与孩子们亲密互动，帮助孩子们了解塑料循环的知识，鼓励他们亲身参与到塑料垃圾分类中来，从而激发对生态文明与绿色发展的好奇心和探索心。

—— 杜欢政

- 碳中和与塑料循环环保科普教育丛书 -

塑料的前世今生

本书编委会 

中国石化出版社
·北京·

塑料的前世今生

编撰委员会

总 顾 问：曹湘洪

主　　编：杜欢政　蔡志强

编　　委：陈　锟　高永平　刘　健　文　婧

文字撰稿：文　婧　蔡　静　孙　蕊

插　　画：丁智博　李潇潇

知识顾问：者东梅　钱　鑫　王树霞　吕　芸
吕明福　初立秋　戚桂村　张晴晴

支持单位：中国石化化工事业部
中国石化化工销售有限公司
同济大学生态文明与循环经济研究所
浙江省长三角循环经济技术研究院

MILK
小朋友，你好！
你想知道塑料是怎么被发明的吗？
欢迎走进塑料的前世今生！

古时候，人们用棉、麻、毛、皮革等缝制衣服，用天然漆装饰房屋、家具，用天然橡胶制作生产和生活用品……这些材料都是天然高分子材料。而塑料，则是人工合成的高分子材料。

生活中，塑料制品无处不在，许多文具、餐具、玩具、电器等都是由塑料制成的。不过，世界上最早的塑料“赛璐珞”（Celluloid），却是为了代替象牙而被发明的。

高分子材料，比如许多女孩子喜欢佩带的玩具项链，是由大量小分子重复连接组成的分子质量较大的材料。常见的天然高分子材料包括：棉、麻、毛、丝、皮革等。常见的人工合成高分子材料包括：塑料、合成橡胶、合成纤维等。

早期的台球是用象牙制作的，一根象牙大概只能做 5 颗台球，为了制作台球，很多大象遭到捕杀。

1869年，一位叫约翰·海厄特的化学家发明了一种新材料——“赛璐珞”，它迅速替代了象牙，被用于制作台球，后来，还被用于制作胶卷、底片。但是，“赛璐珞”不耐高温、容易燃烧，限制了它的使用范围。因此，科学家们继续试验寻找防火耐高温的高分子材料。

1909 年，最早的完全由人工合成的塑料——酚醛塑料在美国诞生，并实现了工业化生产。它比较轻、遇明火不会燃烧、无烟、无毒，是制作日用品的绝佳材料。但是，它也有缺点 ：受热会变暗，只有深褐、黑和暗绿 3 种颜色，而且容易摔碎。

酚醛塑料是由苯酚和甲醛经过缩聚反应合成的。它可塑性强，加入木粉能显著提高机械强度，加入云母粉能提高电绝缘性能，加入石棉粉能增加耐热性。酚醛塑料常被用来制作各种电器，故又被称为“电木”。

第二次世界大战期间，石油化学工业迅速发展，塑料的原料变为以石油和天然气为主，科学家们合成了各种各样的塑料，塑料制造业得到了飞速发展。1930 年世界塑料总产量仅为 10 万吨，到2022年世界塑料总产量已经达到 4.5 亿吨。

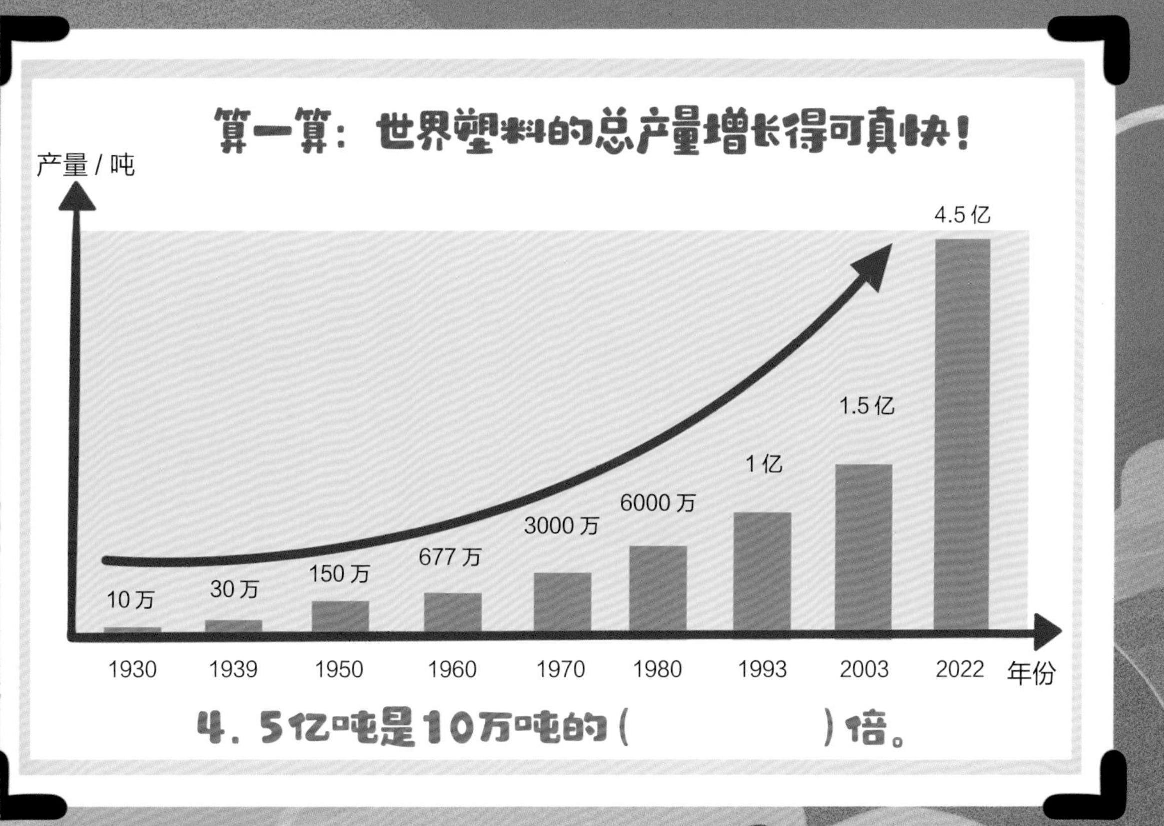

如今塑料是怎么得到的呢?

石油或天然气经过提炼之后，分解成基本的单体物质，通过聚合反应得到高分子聚合物，而后再制成塑料。

如果用火车来做比喻的话，一个单体物质就像一节车厢，聚合反应就好比把很多节车厢连在一起，形成一列很长很长的火车。

聚乙烯列车
乙烯

我国塑料工业的发展分为五个阶段：

塑料产量显著增长，塑料制品的品种也更加丰富，出现了塑料板、管、丝、膜等塑料制品。

此时，我国塑料制品产量小，品种少，产品主要以电器开关、纽扣、文具、发梳等为主。

高速发展阶段
1978—2000 年

诞生起步阶段
1949—1957 年

上升发展阶段
1958—1977 年

改革开放以后，我国大规模地引进国外乙烯装置。塑料制品产量位居世界第二，产品覆盖日用、农业、工业等各个方面。

1949 年，我国塑料制品产量约为 200 吨；到 2022 年，全国塑料制品产量高达 7771.6 万吨，比 1949 年产量的 **38 万倍**还多呢。

跨越式发展阶段
2001—2010 年

塑料制品产量实现了翻两番，出口能力不断提升，占全球产量的 24%，成为全球第一名。

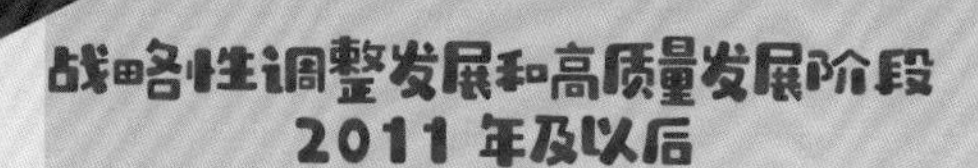

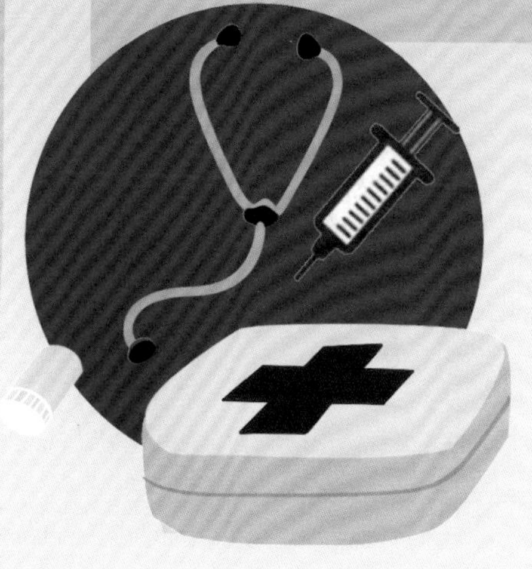

我国塑料工业发展重点开始从量向质转变。目前，塑料制品产量约占世界总产量的 20%。新冠疫情期间，我国先进的塑料工业为生产抗疫物资提供了坚实保障。

分解时间：

塑料餐盒

几十年到数百年

塑料瓶

几十年到数百年

塑料袋

数百年到上千年

MILK

塑料制品让我们的生活变得更加便利，也创造了巨大财富。但塑料污染却成了 21 世纪最紧迫的环境问题之一。如果我们不规范地生产及使用塑料制品、合理地回收处理塑料废弃物，就会造成能源浪费和环境污染，破坏我们生活的家园。

塑料在自然环境中需要很长时间才能分解。一次性餐盒的聚丙烯（PP）塑料和饮料瓶的聚对苯二甲酸乙二醇酯（PET）塑料需要几十年到数百年才能完全分解，保鲜膜的聚乙烯（PE）塑料需要数百年甚至上千年才能完全分解。

我国塑料污染治理三大举措：

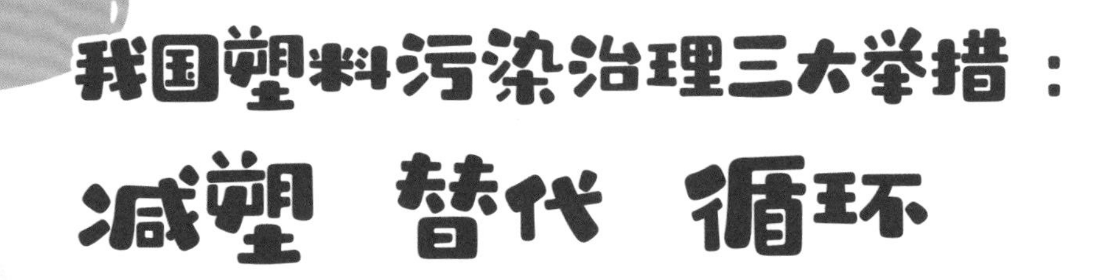

减塑，我们可以从源头上减少塑料垃圾的产生，在生活中尽量少使用塑料购物袋、塑料餐具等一次性塑料制品。

替代，我们可以用其他环保材料（如可降解塑料、纸、木、竹子等）来替代塑料。

循环，我们可以通过垃圾分类及加工处理，将更多废塑料循环再生成为新的塑料产品。

倡导垃圾分类

每年全球都会产生 3 亿多吨塑料垃圾，解决塑料污染问题是一个巨大的挑战。我国制定了塑料污染治理的政策，呼吁大家保护环境，享受塑料带来的经济和便利，又能保护好自然生态，实现人与自然的和谐共生。

推动塑料循环

保护环境 人人有责

塑料博士小课堂——你问我答

“塑料”这个名字是怎么来的？

塑料的英文“plastic”来自希腊语“plastikos”，意思是成型的、具有可塑性的。“塑”的本义是指用泥土等做成各种形象，“塑料”也就是具有可塑性的材料。

1926 年 3 月，美国《塑料》杂志将塑料定义为：一种能塑造成各种形状的材料，不像非塑性物质那样需要切凿。一般来说，塑料是指以树脂为主要成分，加入（或不加）增塑剂、填充剂、润滑剂、着色剂等添加剂，在一定温度和压力下塑造成一定形状，并在常温下能保持既定形状的有机高分子材料。塑料、合成橡胶和合成纤维是以合成树脂为基础的三大合成材料，它们历经百年发展，遍布我们生活的方方面面，并且还在以不可思议的速度继续发展着，真是人间奇迹！

塑料的发展经历了哪些阶段？

塑料的发展主要分为三个阶段：天然高分子材料阶段、合成树脂阶段和塑料产业大发展阶段。

天然高分子材料阶段：1869 年“赛璐珞”的发明标志着塑料正式走上历史舞台。塑料开始以天然纤维素的改性和加工为主。比如，“赛璐珞”就是由硝酸纤维素、樟脑和酒精等制成。化学家们合成了多种聚

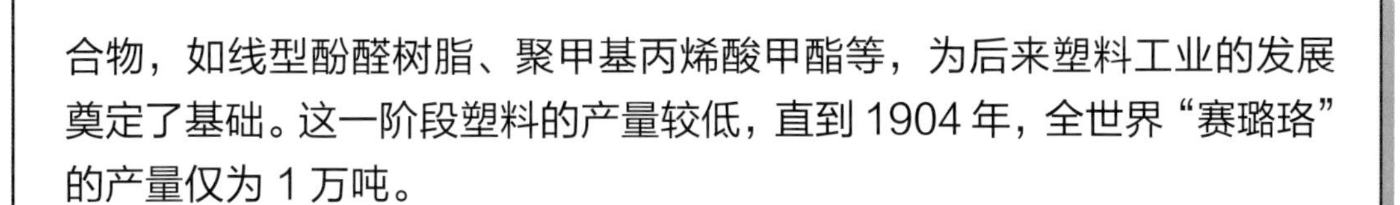

合物，如线型酚醛树脂、聚甲基丙烯酸甲酯等，为后来塑料工业的发展奠定了基础。这一阶段塑料的产量较低，直到 1904 年，全世界“赛璐珞”的产量仅为 1 万吨。

合成树脂阶段：1909 年酚醛塑料的发明标志着这一阶段的开始，塑料从天然材料向合成材料转变。人们陆续发明了聚乙烯、聚丙烯、聚氯乙烯、聚苯乙烯等合成树脂，为塑料工业提供了更为丰富的基础原料。科学家们提出了缩聚理论、高分子结构理论等，为塑料的蓬勃发展奠定了基础。在此阶段，全世界塑料的总产量猛增至 1956 年的 3340 万吨，原料也从煤转向了以石油为主。这不仅保证了高分子化工原料的充分供应，也促进了石油化工的发展，创造了更高的经济价值。

塑料产业大发展阶段：20 世纪 70 年代以后，随着塑料品种的丰富和产能的提升，人们对塑料的认识也更加全面，塑料行业全面腾飞。塑料工业快速发展和广泛应用，基础合成树脂的品种得到进一步开发，一系列高性能的塑料新品种（如 ABS 树脂等）实现了工业化。同时，塑料产业也从单一合成树脂的合成与加工向共混改性、复合增强等多种新技术应用转变，赋予塑料更优异的综合性能，塑料的应用范围进一步扩大。

塑料博士小课堂 — 你问我答

塑料产品是怎么制作的？

塑料产品的制作过程主要包括以下步骤：

1. 配料。塑料加工需要有原料，除了基础合成树脂外，还要添加一些稳定剂、增塑剂、着色剂等塑料助剂，以改善塑料制品的使用性能，同时也可以降低塑料的生产成本。

2. 成型。将各种形态的塑料制成所需形状，如碗状、瓶状、管状等。常见的主要成型方法有塑料挤出、注塑成型、吹塑成型等。

3. 检验。对塑料制品进行外形尺寸、容量、重量以及耐压、耐撕裂等检测，确保产品合格。

此外，根据具体需要，塑料制作还可能包括以下步骤：

1. 印刷。印刷工艺将塑料膜从原始的透明、无色状态转换为具有多种图案和字体的印刷膜。

2. 复合。复合工艺是将塑料膜双面贴合上合适的材料，以提高塑料膜的强度和耐磨性。

联合国为什么要在第 50 个世界环境日（2023 年 6 月 5 日）上提出“减塑捡塑”（Beat Plastic Pollution）的号召？

人类每年生产超过 4 亿吨塑料，大部分被使用之后成为塑料垃圾。每年有上千万吨塑料垃圾流入海洋，污染治理刻不容缓。因此，我们一

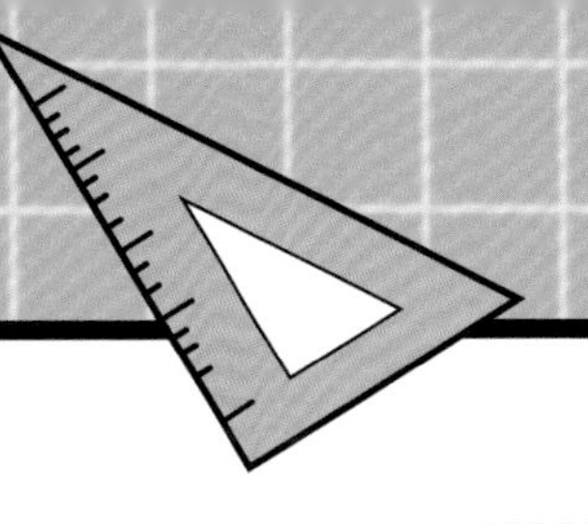

方面要减少塑料垃圾产生量，另一方面要推动塑料垃圾的资源化和循环再利用，将塑料垃圾纳入有效管理的可控范围内。联合国提出第 50 个世界环境日的主题是“减塑捡塑”，就是号召大家“减”少对塑料制品使用，将被丢弃的塑料制品“捡”起来，不随地乱扔塑料垃圾。

中国的塑料污染治理做得怎么样？我们该怎么参与进来？

中国的行动正响应了第 50 个世界环境日“减塑捡塑”的呼吁，从生产、使用、回收、处置、清理等各环节持续推进塑料污染治理，使塑料废弃物的环境污染得到了有效遏制。

每个人都可以参与到塑料污染治理行动中来，在日常生活中做到：

1. 减少使用一次性塑料制品，如购物袋、吸管等；
2. 尽量自带可重复使用的水瓶、咖啡杯等，减少塑料瓶、纸杯的使用；
3. 积极参与垃圾分类和回收，确保塑料废弃物能够得到循环利用；
4. 减少过度囤积、过度消费；
5. 支持和购买使用环保材料或可循环材料制造的产品；
6. 积极参加减少塑料污染和推动塑料循环的宣传和教育活动，掌握更多环保知识。

后记

塑料的前世今生

从第一个塑料制品“赛璐珞”的发明到塑料制造业飞速发展，再到如今塑料大家族欣欣向荣的景象，我们跟随本书共同经历了一段探寻塑料历史、现状与未来的旅程。塑料在我们的日常生活中应用非常广泛，它是人类智慧的结晶。

塑料的重要性不言而喻，随之而来的环境问题同样不可忽视，塑料循环利用是未来全球环保事业的重要组成部分。因此，我们在享受塑料带来便利的同时，也要充分认识到我们肩上担负着保护环境的责任。希望小朋友们在生活中可以做一名保护环境的小卫士，和爸爸妈妈一起重视垃圾分类和回收，尽可能减少一次性塑料的使用，为推动塑料循环、保护地球母亲作出更大的贡献！